Bhabna De

Segmentação de núcleos para o rastreio do cancro do colo do útero com esfregaços de Papanicolau

Bhabna De

Segmentação de núcleos para o rastreio do cancro do colo do útero com esfregaços de Papanicolau

ScienciaScripts

Imprint

Cover image: www.ingimage.com

This book is a translation from the original published under ISBN 978-3-659-87371-3.

Publisher:
Sciencia Scripts
is a trademark of
Dodo Books Indian Ocean Ltd. and OmniScriptum S.R.L publishing group

120 High Road, East Finchley, London, N2 9ED, United Kingdom
Str. Armeneasca 28/1, office 1, Chisinau MD-2012, Republic of Moldova, Europe
Managing Directors: Ieva Konstantinova, Victoria Ursu
info@omniscriptum.com

Printed at: see last page
ISBN: 978-620-8-50053-5

Resumo

Considerando o impacto global na saúde, o cancro do colo do útero ocupa a segunda posição, a seguir ao cancro da mama. A deteção de qualquer anomalia numa fase precoce pode levar à cura completa da doença. A taxa de mortalidade mais elevada nas zonas rurais simboliza a falta de sensibilização, a falta de instalações médicas, a falta de recursos e a falta de programas de rastreio eficazes. Assim, para resolver estes problemas, é necessário um diagnóstico automático do cancro do colo do útero assistido por computador, que deve ser independente do observador e consumir menos tempo. As células anómalas do exame de Papanicolau distinguem-se das normais principalmente com base na forma dos seus núcleos. No entanto, devido à variação de tamanho, forma e sobreposição de intensidade da área do núcleo com as células normais circundantes, a extração precisa da parte do núcleo é uma tarefa muito difícil. Neste artigo, a eficácia de alguns dos métodos de segmentação mais avançados para a extração da região do núcleo e a classificação de células normais e anormais é destacada em função da precisão e da quantificação do resultado da segmentação. A experiência foi efectuada no nosso próprio conjunto de dados AGMC-TU Pap-Smear. Nesta experiência, a classificação é efectuada com base em 12 caraterísticas de forma extraídas da região segmentada do núcleo. A precisão da classificação obtida com o classificador SVM Linear (SVM-L) é de 92,83% com base na combinação de todo o conjunto de caraterísticas extraídas, ao passo que a classificação baseada no conjunto de caraterísticas discriminativas é de 97,65% e aumenta a taxa de precisão em quase 5% utilizando o método de segmentação mais eficaz (ou seja, FCM). A exatidão e a AUC revelam que a segmentação exacta da região do núcleo de toda a célula de Pap-Smear aumenta a taxa de exatidão da classificação, o que indica a sua eficácia na previsão de células de Pap-Smear anormais.

Capítulo 1

Introdução

O cancro do colo do útero é considerado um dos cancros mais comuns nas mulheres e ocorre na região do colo do útero devido ao crescimento anormal de células que têm a capacidade de invadir, estender ou espalhar-se para outras partes do corpo humano [1]. Existem vários factores de risco; no entanto, 90% do cancro do colo do útero é causado principalmente pelo Papilomavírus Humano (HPV) tipos 16 e 18. A nível mundial, cerca de 0,53 milhões de mulheres são diagnosticadas com este tipo de cancro e mais de 0,28 milhões de vidas de mulheres são ceifadas pelo cancro do colo do útero todos os anos [2]. Geralmente, em Tripura, um Estado do nordeste da Índia, o cancro do colo do útero ocupa a primeira posição entre outros cancros, de acordo com os principais locais de cancro [3]. O cancro do colo do útero impede as células da região do colo do útero de desempenharem as suas funções normais e forma tumores que destroem as células normais circundantes [4]. As células normais não se transformam instantaneamente em cancro. As células normais da região do colo do útero desenvolvem gradualmente alterações pré-cancerosas que mais tarde se transformam em cancro [5]. O cancro do colo do útero é remediável se for detectado numa fase precoce e tratado adequadamente [6]. O teste de Papanicolau é conhecido como o método de rastreio mais eficaz baseado na citologia, capaz de curar os doentes com cancro, mas, neste caso, é necessário um rastreio regular [7].

A análise visual de imagens microscópicas é geralmente trabalhosa, morosa e subjectiva [8]. Para evitar todas estas circunstâncias relacionadas com as imagens microscópicas, é necessária a deteção automática do cancro do colo do útero. A deteção automática do cancro do colo do útero é desejável porque não depende do utilizador (médico especialista ou patologista) e também demora menos tempo a detetar o cancro. Este documento propõe um processo de segmentação automática que foi aplicado para segmentar corretamente a área do núcleo. Numa análise visual de células em esfregaços de Papanicolau, a caraterização correta das lâminas microscópicas e a obtenção de conclusões dependem sobretudo do aspeto geral do núcleo das células. De um de vista patológico, o núcleo da célula infetada pode estar excessivamente aumentado, com a possibilidade de aumento do conteúdo de ADN, densidade irregular da cromatina e irregularidade na forma [9], como se mostra na Fig. 1.1. Assim, é essencial ter uma determinação exacta da região do núcleo para uma análise adequada. Para detetar a anormalidade das imagens microscópicas de células, o primeiro pré-requisito é a deteção dos núcleos celulares, que apresentam alterações significativas quando a célula é afetada por cancro ou qualquer tipo de doença.

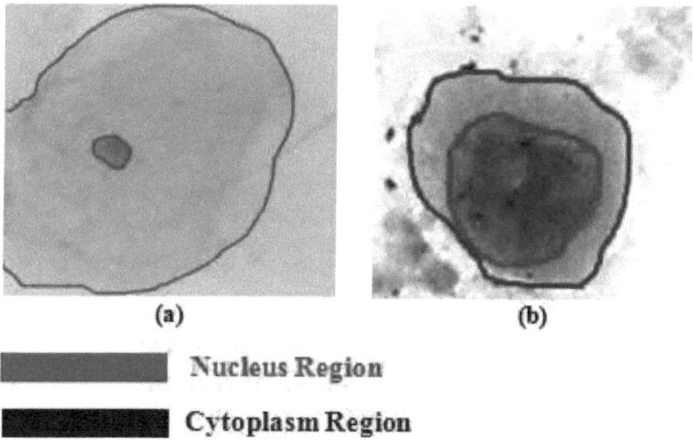

Fig. 1.1. Imagens de Papanicolau (a) Região de células normais (b) Região de células anormais

1.1. Motivação

A taxa de mortalidade do cancro do colo do útero é mais elevada nas zonas rurais do que nas zonas urbanas. O governo indiano lançou vários programas de controlo do cancro, mas estes programas não conseguiram chegar às regiões rurais devido a questões relacionadas com a falta de sensibilização, instalações médicas deficientes, falta de infra-estruturas, mão de obra sem formação e garantia de qualidade [10]. Nos últimos 35 anos, tem havido na Índia uma campanha sistemática contra o cancro do colo do útero, mas esta tem tido um pequeno impacto na morbilidade e na mortalidade da doença, ocupando a Índia o quarto lugar no mundo [11]. Assim, para resolver estes problemas, é necessário um diagnóstico automático do cancro do colo do útero assistido por computador, que deve ser independente do observador e consumir menos tempo.

1.2. Objetivo

Uma vez que o tamanho e a forma do núcleo indicam a presença de uma anomalia, a identificação de alterações no núcleo contribui para a discriminação de células normais e anormais em imagens microscópicas.

1.3. Âmbito do trabalho

Embora existam muitas técnicas de segmentação de imagens no domínio da visão por computador, nem todas funcionam bem com imagens de Papanicolau, em que o baixo contraste, o ruído e a ambiguidade da imagem são frequentemente os principais desafios. Por outro lado, devido à coloração das células do esfregaço de Papanicolau durante o exame, os bordos da parte do núcleo perderam a sua nitidez, pelo que os valores de intensidade dos pixels do núcleo e área do citoplasma se tornam semelhantes. Em função deste fenómeno, os objectivos do presente relatório de tese são resumidos a seguir:

- O artigo ilustra a conceção de um conjunto de dados de imagens de Papanicolau AGMC-TU, juntamente com a região do núcleo anotado de células de Papanicolau, para que se possa utilizar a potencialidade máxima das imagens microscópicas de Papanicolau no rastreio precoce do cancro do colo do útero.
- Neste documento, é efectuada uma comparação dos quatro métodos de segmentação mais avançados para a extração da região do núcleo partir da imagem de toda a célula, utilizando a medição de semelhança baseada em coeficientes de correspondência simples orientados para o pixel, ajudando assim a identificar os desafios remanescentes, a fim de proporcionar um foco para investigação futura.
- O artigo também investiga a responsabilidade da segmentação exacta da região do núcleo para a classificação de células de Papanicolau normais e anormais com base em caraterísticas de forma extraídas do núcleo segmentado utilizando os métodos mais avançados.

1.4. Organização do relatório

Neste relatório, o Capítulo 2 contém questões de conceção e estatísticas gerais do conjunto de dados de esfregaços de Papanicolau AGMC; o Capítulo 3 inclui a metodologia para a segmentação da região do núcleo suspeito; o Capítulo 4 demonstra os resultados experimentais.

Por último, no apêndice A, foi ilustrada a matemática dos vários métodos de segmentação e dos métodos de evolução do desempenho. Os códigos Matlab dos resultados experimentais são apresentados no apêndice B.

Capítulo 2

Questões de conceção e estatísticas gerais do conjunto de dados de esfregaços de Papanicolau do AGMC-TU

Para manter a uniformidade e recolher informações valiosas para o trabalho de investigação médica, é necessário manter um protocolo de aquisição padrão e universal durante a aquisição. Nesta secção, a conceção do conjunto de dados do exame de Papanicolau AGMC-TU é explicada em pormenor.

2.1. Questões de conceção e preparação de células

O conjunto de dados de esfregaços de Papanicolau AGMC-TU foi preparado pelo pessoal do Departamento de Patologia do Agartala Government Medical College e do Gobind Ballav Pant Hospital, Governo de Tripura. As células foram selecionadas não para recolher uma distribuição natural, mas para fazer uma boa recolha das classes importantes. As etapas utilizadas para a preparação das células são ilustradas na Fig. 3. Foram utilizadas colorações do tipo Papanicolaou para identificar as caraterísticas nucleares [7]. A coloração de Papanicolaou necessita de uma fixação rápida e imediata em álcool para preservar os pormenores das células e evitar que os esfregaços sequem. Foi utilizado etanol (95%). Foi utilizada a coloração de hematoxilina, que é um corante natural que cora a parte do núcleo de uma célula, e o verde alaranjado 6, que cora o citoplasma das células queratinizadas. A coloração policrómica, uma mistura de verde claro SF e eosina G, foi utilizada como coloração citoplasmática. O clareamento em xilol produziu transparência celular antes da montagem. A montagem foi efectuada com DPX, que é uma mistura de distyrene, um plastificante, e xileno. Após a coloração e a montagem adequadas, as imagens são adquiridas através de uma câmara digital (OLYMPUS SP 350) adaptada a um microscópio de luz (OLYMPUS CX41) com uma resolução de 80 megapixéis e armazenadas em formato JPEG de 132×158 pixéis.

2.2. Estatísticas do conjunto de dados e convenção de nomeação

Tendo em conta as questões de conceção acima mencionadas, o conjunto de dados é atualmente composto por 225 imagens convencionais de células cervicais com coloração de Papanicolau, obtidas aleatoriamente de 45 pacientes (ou seja, 5 Papanicolau de cada sujeito) e consideradas adequadas para a análise de imagens. O conjunto de dados contém imagens de Pap-Smear de 25 indivíduos normais e 20 anormais. As estatísticas gerais do conjunto de dados criado são apresentadas na Tabela 2.1. Algumas das imagens de amostra do conjunto de dados criado são apresentadas na Fig. 2.1.

Tabela 2.1. Estatísticas gerais do conjunto de dados de esfregaços de Papanicolau AGMC-TU

Categoria de Esfregaços de Papanicolau	**Número de Temas**	**Número de Pap Esfregaços por indivíduo**	**Número de Pap Imagens de esfregaços**
Normal	20	5	100
Anormal	25	5	125
Número total de imagens de esfregaços de Papanicolau			**225**

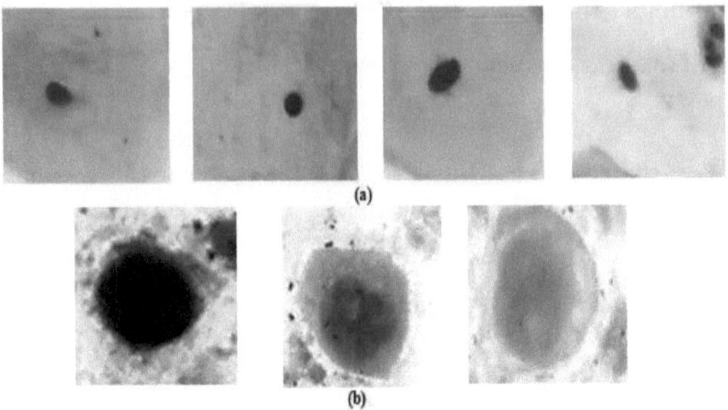

Fig. 2.1. Imagens de amostra do conjunto de dados de esfregaços de Papanicolau AGMC-TU (a) Imagens de esfregaços de Papanicolau de indivíduos normais; (b) Imagens de esfregaços de Papanicolau de indivíduos anormais

A designação do conjunto de dados de Papanicolau foi efectuada para facilitar a compreensão da categoria do conjunto de dados durante a análise. Foram atribuídos códigos diferentes aos vários sujeitos que capturam conjuntos e categorias de cada célula de Papanicolau. Utilizando todos códigos atribuídos, como se mostra na Tabela 2.2, o nome de uma imagem no conjunto de dados é **Subject-Category_Capturing-Set_Patient-ID.jpg**. Utilizando a convenção de nomes acima referida, cada imagem do conjunto de dados adquire uma identidade distinta.

Tabela 2.2. Códigos utilizados para nomear o conjunto de dados de esfregaços de Papanicolau do AGMC-TU

Assunto_Categoria		**Conjunto_de_ Captura**	**ID do doente**

Modo	**Códigos**	**Conjunto**	**Códigos**	**Dia**	**Códigos**
		1	C1	Doente$_1$	P1
Normal	N	2	C2	Doente$_2$	P2
Anormal	A	3	C3	...	...
		4	C4		
		5	C5	Doente$_s$	Pn

2.3. Geração da verdade terrestre

A geração de imagens verdadeiras de regiões do núcleo a partir de células completas de esfregaços de Papanicolau permite medir a potencialidade de diferentes métodos de segmentação para a extração de regiões do núcleo. O método mais comum para gerar a verdade fundamental para as imagens relacionadas com a medicina consiste em utilizar as segmentações manuais efectuadas por médicos especialistas, mas isto resulta sobretudo em incerteza e numa forte tendência subjectiva. Para ultrapassar este problema, é necessário combinar os resultados da verdade fundamental de vários peritos (ou seja, no nosso caso, cinco peritos médicos), de modo a que a imagem da verdade fundamental resultante seja o acordo conjunto mais provável de todos os peritos. Considerando todos estes factos, no nosso trabalho, utilizámos ferramentas de software populares e amplamente utilizadas, ou seja, a GNU Image Manipulation Program Tool [12] para gerar a região do núcleo segmentado. Ao utilizar este software, os parâmetros são mantidos fixos para todas as imagens de Papanicolau e cada médico especialista efectua a segmentação utilizando este software. Depois de gerar cinco imagens de verdade terrestre por cinco peritos médicos, é utilizada a política de votação máxima [13] para combinar o resultado destas cinco imagens de verdade terrestre. Neste método, um valor de limiar T (no nosso caso T=3) é definido em função do número de imagens verdadeiras de referência e constrói uma imagem verdade de referência como estimativa de máxima verosimilhança mostrada na Fig. 2.3.

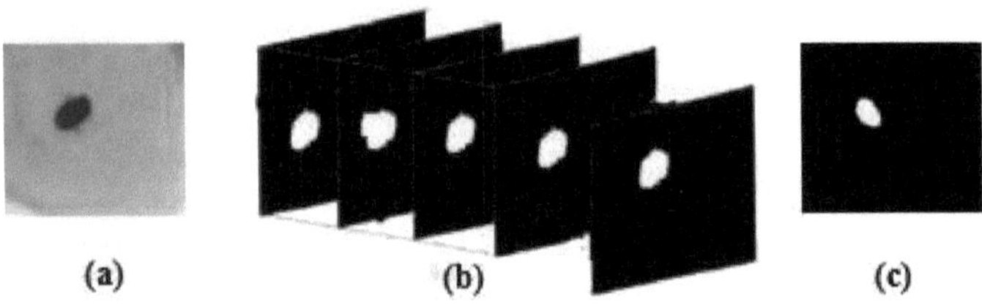

Fig. 2.3. Geração da verdade básica (a) Imagem original do esfregaço de Papanicolau; (b) Cinco imagens de referência da verdade básica anotadas por peritos médicos; (c) Imagem da verdade básica da região do núcleo baseada na política de votação máxima.

Capítulo 3

Metodologia para a segmentação da região do núcleo suspeito

A escolha adequada do método de segmentação para determinar a forma exacta do núcleo em imagens de Papanicolau é uma tarefa crucial. Um método de segmentação adequado e mais apropriado pode proporcionar uma melhor precisão de classificação. Nesta secção, a avaliação dos métodos de segmentação foi efectuada através da combinação de três etapas principais do processamento de imagens: pré-processamento, suavização e segmentação da região do núcleo mostrada na Fig. 3.1.

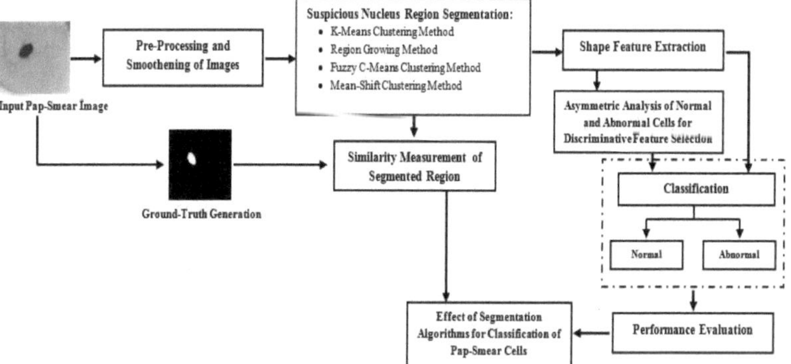

Fig. 3.1. Diagrama de fluxo geral da análise

3.1. Pré-processamento

As imagens do conjunto de dados são armazenadas em formato JPEG de 132×158pixéis. Na etapa de pré-processamento, estas imagens são convertidas numa imagem em escala de cinzentos para análise posterior, de modo a diminuir a carga de trabalho de processamento, o tempo de execução e a complexidade de um sistema automatizado.

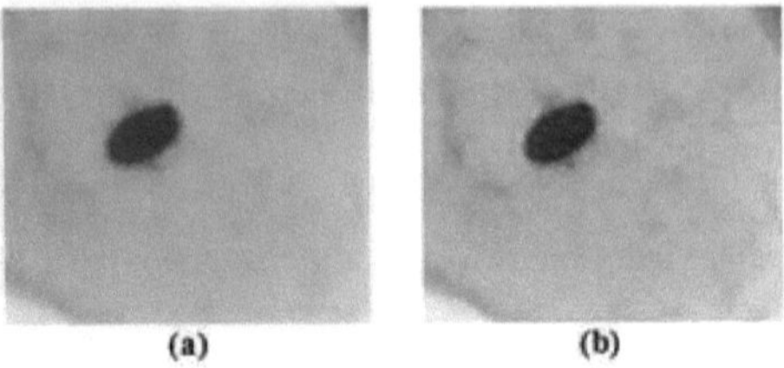

Fig. 3.2. Pré-processamento das imagens de Papanicolau (a) Imagem original (em paleta RGB) (b) Imagem pré-processada (em paleta de cinzentos)

3.2. Suavização com difusão anisotrópica

Para uma extração precisa da região do núcleo, as imagens pré-processadas são suavizadas utilizando a filtragem de difusão anisotrópica para evitar a desfocagem e o problema de localização no conjunto de dados adquirido. A equação discretizada da difusão anisotrópica de Perona e Mallik é descrita pela equação (1)[14]:

$$I_{(t+1)}(s) = I_t(s) + \frac{\lambda}{|n_s|_{p \in N_s}} \sum g_k \left(e^{-\left(\frac{|\nabla I_{s,p}|}{k}\right)^2} \right) \left(I_t(P) - I_t(S)\right) \qquad (1)$$

Aqui, I é a imagem discretamente amostrada, s denota a posição do pixel na grelha 2D discreta, t denota o passo de iteração, g é a função de condução, k é o parâmetro de limiar do gradiente, λ é constante e n_s denota o número de vizinhos espaciais considerados para os pixéis.

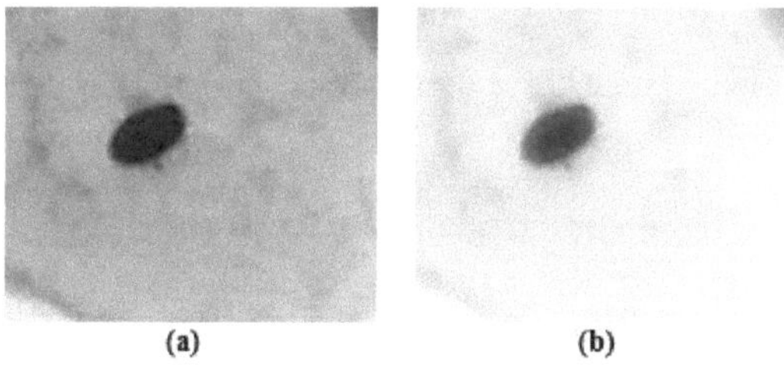

Fig. 3.3. Suavização das imagens de esfregaços de Papanicolau (a) Imagem pré-processada (b) Imagem suavizada.

3.3. Segmentação da região do núcleo

A segmentação exacta das células do cancro do colo do útero em imagens microscópicas é uma tarefa importante para detetar a anomalia das células na fase pré-cancerosa. As células são constituídas principalmente por dois componentes: Núcleo e citoplasma. Uma célula normal tem uma pequena área de núcleo e uma vasta área de citoplasma. Por outro lado, uma célula anormal tem uma vasta área de núcleo, mas uma área citoplasmática reduzida, como se mostra na Fig. 2. No início, as células normais da zona do colo do útero desenvolvem alterações pré-cancerosas que, no futuro, se transformam em cancro [15]. Uma vez que o tamanho e a forma do núcleo indicam a presença de uma anomalia, a identificação de alterações no núcleo contribui para a discriminação de células normais e anómalas em imagens microscópicas. No entanto, as imagens de células de Papanicolaou do nosso conjunto de dados têm má qualidade devido a manchas do tipo Papanicolaou, ou seja, os bordos do núcleo perderam a sua nitidez. No presente âmbito, estamos inclinados a utilizar diferentes métodos de segmentação para identificar a região do núcleo presente nas imagens de Papanicolaou. Nesta secção, é apresentada uma breve descrição destes métodos de segmentação.

3.3.1. Método de agrupamento K-Means (KM)

O problema de agrupamento pode ser resolvido utilizando o algoritmo de agrupamento não supervisionado K-means. O algoritmo segue uma forma fácil de classificar um grupo de dados através de um certo número de clusters fixos. O objetivo do agrupamento K-means é particionar um número n de inspecções em k clusters, em que cada inspeção pertence ao cluster com a média mais próxima, servindo como protótipo do cluster [16]. A Fig. 3.4. mostra os diferentes processos de agrupamento K-means.

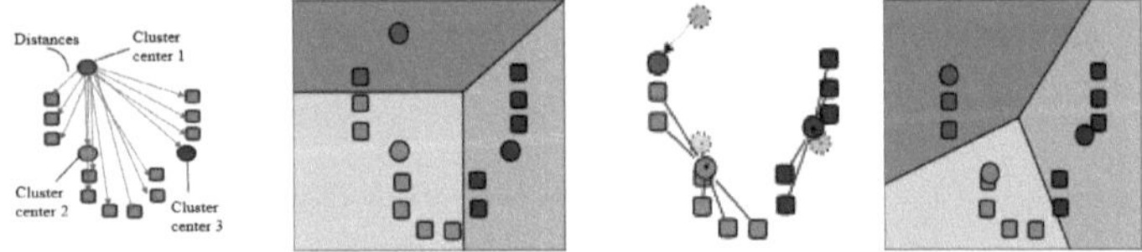

Fig. 3.4. Procedimento de agrupamento K-Means [17].

Algoritmo [16]:

Segue-se uma descrição simples do algoritmo k-means [16].

Entrada- (i) Os pontos de dados

(ii) Número de agregados= k

Passo 1: Selecionar centroides ou pontos de semente aleatoriamente a partir dos pontos de dados fornecidos, que são iguais a k.

Passo 2: Para cada ponto de dados n:

(i) Calcular a distância entre n e os centróides

(ii) Atribuir o ponto ao centróide mais próximo

Passo 3: Definir a posição dos centróides do agrupamento, que passa a ser a média de todos os pontos de dados atribuídos a esse agrupamento.

Passo 4: Se não houver alterações na atribuição de padrões aos agregados durante duas iterações sucessivas, parar; caso contrário, passar ao passo 2.

3.3.2. Método de crescimento regional (RG)

O crescimento de regiões é um método simples de segmentação de imagens baseado em regiões. O crescimento regional é um processo de agrupamento dos pixels ou sub-regiões para obter uma região maior presente numa imagem. As questões importantes do algoritmo de crescimento de regiões são a seleção da semente inicial, os critérios de crescimento da semente e o fim do processo de segmentação [18].

3.3.2.1. Seleção da semente inicial - A semente inicial que representa a ROI deve ser dada tipicamente pelo utilizador. A semente inicial também pode ser escolhida manualmente ou com referência a um dispositivo ou processo. As sementes podem ser simples ou múltiplas [18]. A Fig. 3.5. mostra a seleção de um ponto de semente.

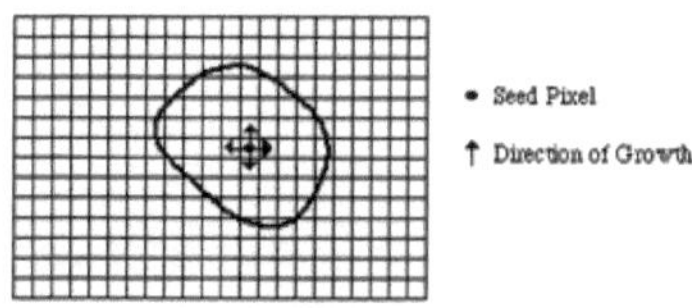

Fig. 3.5. Seleção de um ponto de semente [19].

3.3.2.2. Critérios de crescimento da semente - A semente inicial cresce pelo critério de semelhança se a semente for semelhante aos pixéis da sua vizinhança. O critério de semelhança denota a diferença mínima entre os níveis de cinzento ou a média do conjunto de pixéis e pode aplicar-se ao nível de cinzento, à textura ou à cor. Assim, a semente inicial cresce adicionando os vizinhos se estes partilharem as mesmas propriedades que a semente inicial [18]. A Fig. 3.6. mostra o processo de crescimento da região.

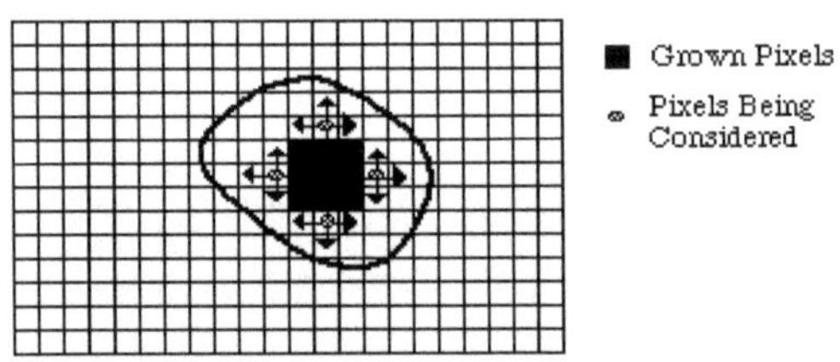

Fig. 3.6. Processo de crescimento de regiões [19].

3.3.2.3. Terminação do processo de segmentação - A regra para parar o processo de crescimento é também muito importante, uma vez que os algoritmos de crescimento de regiões são operações computacionalmente muito intensivas e não podem ser terminadas facilmente. Quando em cada iteração são atribuídos novos pixéis, passa-se ao passo anterior; se não forem atribuídos novos pixéis, pára-se [18].

Algoritmo:

Uma região é escolhida pelo utilizador com a ROI do utilizador

Saída- Uma região extraída

Crescente (R, S_i, S_i*, F)

Seja R a região a

Passo 1 - Escolher o pixel de semente S_i. Inicialmente, R contém o ponto de semente S_i.

Passo2- F é um FIFO que contém os pontos de fronteira de R.

Inicialmente, F contém a vizinhança 8 do ponto de partida S_i.

Passo3- Para cada pixel vizinho S_i* de S_i em F

a. se S_i* for semelhante a S_i

- S_i* é adicionado a R

senão

b. Parar se não for necessário adicionar mais pixéis.

3.3.3. Método de segmentação por deslocamento médio (MS)

O principal objetivo do modelo de segmentação Mean-Shift é calcular ou julgar aproximadamente a localização exacta da média dos dados, formando o vetor de deslocamento a partir da média inicial, onde são dados os pontos de dados e a localização aproximada da média desses dados [20]. A Fig. 3.7. mostra o procedimento de segmentação por deslocamento da média.

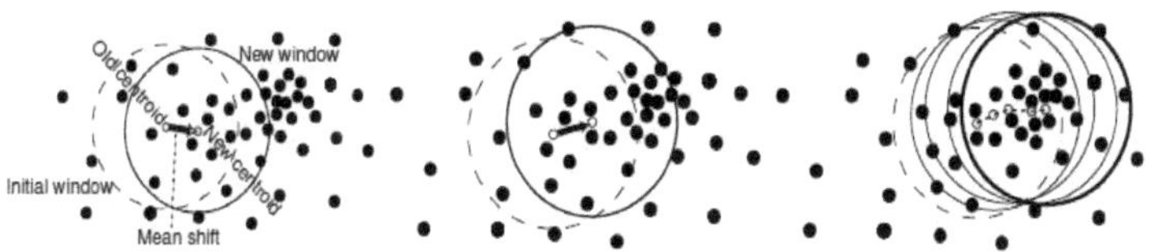

Fig.3.7. Procedimento de segmentação Mean-Shift [20].

Algoritmo [20]:

Passo 1-Começar com uma região de interesse não especificada.

Passo 2- Determinar um centróide dos dados.

Passo 3- Mover a região para a localização do novo centróide.

Passo 4- Repetir até à convergência ou até que o vetor de deslocamento médio seja zero.

Se o vetor de deslocação média for denotado por $M_h(y)$, então

$$M_h(y) = [\frac{1}{n_x}\sum_{i=1}^{n_x} x_i] - y_0$$

O vetor de desvio médio aponta habitualmente para a direção do aumento máximo da densidade.

Se todos os pontos de dados tiverem pesos diferentes, então o vetor de deslocação da média será denotado na equação (2),

$$M_h(y) = [\frac{\sum_{i=1}^{n_x} w_i(y_0)x_i}{\sum_{i=1}^{n_x} w_i(y_0)}] - y_0 \quad (2)$$

Onde, n_x= n.º de pontos no núcleo
y_0=Localização média inicial
x_i= pontos de dados
h= raio do núcleo

3.3.4. Método de agrupamento Fuzzy C-Means (FCM)

No agrupamento Fuzzy C-Means (FCM), cada ponto de dados pertence a mais do que um agrupamento com um peso entre 0 e 1 [21]. Este tipo de agrupamento atribui pontos de dados a agrupamentos de forma a que itens de dados idênticos pertençam ao mesmo agrupamento e itens de dados não idênticos pertençam a um agrupamento diferente. Os clusters são reconhecidos através de medidas de semelhança. Estas medidas de semelhança incluem a distância, a conetividade e a intensidade [22]. Aqui, cada padrão é atribuído a clusters não idênticos (ou seja, mais do que um cluster) com base num valor de associação. O algoritmo de agrupamento K-means separa completamente os valores do conjunto de dados entre dois ou mais agrupamentos, ao passo que, no agrupamento Fuzzy C-Means, cada ponto de dados pode pertencer a mais do que um agrupamento, uma vez que atribui a função de associação. Estas funções de filiação determinam o grau de associação de cada ponto de dados aos clusters. O FCM dá o melhor resultado para o conjunto de dados sobrepostos em relação ao agrupamento k-means.

Algoritmo:

O algoritmo fuzzy c-means é apresentado a seguir [22]:
Selecione o número de clusters, *C* e m, normalmente2.

Passo 1- Carregar todos os valores de filiação u_{ij} aleatoriamente - matriz U^0.

Passo 2- No passo *k*: Calcular os centróides, c_j utilizando,

$$c_j = \frac{\sum_{i=1}^{N} u_{ij}^m x_i}{\sum_{i=1}^{N} u_{ij}^m}$$

Passo 3- Calcular novos valores de filiação, $u_{(ij)}$, utilizando,

$$u_{ij} = \frac{1}{\sum_{k=1}^{C} \left(\frac{\| x_i - c_j \|}{\| x_i - c_k \|} \right)^{\frac{2}{m-1}}}$$

Passo 4- Atualizar o$U^{k+1} \leftarrow U^{(k)}$.

Passo 5- Repetir os passos de 2 a 4 até que a alteração dos valores de associação seja muito pequena, $U^{k+1} - U^{k} < \varepsilon$ onde ε é um valor pequeno.

3.4. Avaliação dos métodos de segmentação mais avançados em relação às verdades fundamentais

Esta secção avalia o desempenho dos algoritmos de segmentação mais avançados na extração da região do núcleo a partir das imagens de Papanicolau. Uma vez que os diferentes algoritmos de segmentação são adequados para aplicações específicas e não são aplicáveis a todas as imagens, é essencial avaliar o desempenho dos algoritmos de segmentação. No entanto, um número limitado de medidas de desempenho não é adequado para descrever a eficiência dos algoritmos de segmentação. Assim, neste trabalho, a medida de semelhança da segmentação baseada na intensidade é efectuada sobre a máscara binária correspondente à ROI segmentada pela máquina (ou seja, a região do núcleo).

3.4.1. Medidas de avaliação do desempenho

Para as imagens binárias, a medição da semelhança baseada no coeficiente de correspondência simples orientado para o pixel entre a verdade terrestre (P) e o resultado segmentado (Q) é o método popular de análise do desempenho. Um valor mais elevado de disparidade entre P e Q indica mais erros na imagem segmentada automaticamente, o que, por sua vez, significa um desempenho inferior do algoritmo de segmentação. No nosso estudo, são utilizadas algumas métricas de avaliação.

3.4.1.1. Distância de Jaccard (JD)

Mede a dissimilaridade entre conjuntos de amostras. Também varia entre 0 e 1. Se os valores estiverem mais próximos de 0, isso significa que dois conjuntos de imagens são mais semelhantes entre si. A distância de Jaccard pode ser indicada por (3) [23].

$$d_j(P,Q) = 1 - J(P,Q) = \frac{(P \cup Q) - (P \cap Q)}{|P \cap Q|} \tag{3}$$

J (P, Q) é conhecido como índice de Jaccard. Pode ser definido como a intersecção sobre a união entre a máquina e a verdade fundamental [23]. É denotado por (2). A comparação entre a semelhança e a variedade de conjuntos de amostras finitos pode ser efectuada utilizando o índice de Jaccard.

$$J\ (P,\ Q) = \frac{(P \cap Q)}{(P \cup Q)} = \frac{(P \cap Q)}{|P| + |Q| - (P \cap Q)} \tag{4}$$

3.4.1.2. Erro Quadrático Médio (MSE)

O Erro Quadrático Médio (EQM) de um estimador mede a média dos quadrados dos erros ou variâncias, ou seja, a diferença entre o estimador e o que é estimado. A diferença ocorre porque o estimador não é capaz de dar um registo satisfatório [24]. O quadrado das diferenças é feito para evitar o erro de números negativos. Assim, o valor de MSE é sempre não-negativo, e valores mais próximos de zero são melhores [24]. O MSE pode ser denotado como (5) [25].

$$MSE = \frac{1}{MN} \sum_{P=0}^{M-1} \sum_{Q=0}^{N-1} [f(P,Q) - f'(P,Q)]^2 \tag{5}$$

3.4.1.3. Função de diferença de coeficiente de dados (DCD)

Tal como a distância de Jaccard, também mede a dissimilaridade entre dois conjuntos de amostras. Também varia entre 0 e 1 [26]. Uma distância mais próxima de 0 indica que o resultado experimental é mais exato em comparação com o resultado desejado. A função de distância é designada por (6).

$$d = 1 - QS = 1 - \frac{2|P \cap Q|}{|P| + |Q|} \quad (6)$$

Este coeficiente tem uma forma muito semelhante ao índice de Jaccard, o coeficiente de dados pode ser calculado a partir da distância de Jaccard e vice-versa. A equação (7) representa o coeficiente de Dice em relação ao índice de Jaccard.

$$QS = \frac{2 * \mathrm{J}(P,Q)}{(1 + J(P,Q)} \quad (7)$$

3.4.1.4. Erro de deteção relativo (RDE)

O erro de deteção relativo pode ser estimado calculando as diferenças entre o resultado desejado ou verdade terrestre (P) e o resultado real ou saída segmentada (Q). O erro de deteção relativo pode ser calculado utilizando (8) e a equação (9) [27].

$$E = \frac{\| P - Q \|}{\| P \|} \quad (8)$$

$$E^{1} = \frac{\| P - Q \|}{\| Q \|} \quad (9)$$

Os erros de deteção relativos são determinados quando a quantidade da diferença é necessária em relação à quantidade original [27]. Uma distância mais próxima de 0 indica que o resultado experimental é mais exato em comparação com a verdade terrestre.

3.5. Extração de caraterísticas de forma da região do núcleo e análise assimétrica de células de Papanicolau normais e anormais

Uma abordagem eficaz para detetar automaticamente uma anomalia nas células do Papanicolau consiste em estudar a simetria entre as células normais e anormais, ou seja, a análise assimétrica. Nesta secção, analisámos as regiões do núcleo para uma análise assimétrica entre células normais e anormais do Pap-Smear. Após a segmentação do núcleo da célula utilizando os métodos mais avançados, foram extraídas doze caraterísticas de forma da região do núcleo para análise assimétrica entre células normais e anormais. Normalmente, a extração e a análise de caraterísticas de forma da região do núcleo das células do Papanicolau podem indicar a presença de uma anomalia. As caraterísticas de forma extraídas no nosso estudo para análise de células de Papanicolau normais e anormais são apresentadas na Tabela 3.1 [28][29]:

Caraterísticas	**Descrição**
Área do núcleo (NA)	A área do núcleo foi determinada pelo número total de pixéis na região segmentada.
Perímetro do núcleo (NP)	O perímetro do núcleo foi calculado através da contagem do número de pontos de fronteira.
Dimensão Fractal	Uma dimensão fractal é um rácio que fornece um índice estatístico de complexidade, comparando a forma como o detalhe de um padrão (em sentido estrito, um padrão fractal) muda com a escala a que é medido.

Arredondamento do núcleo (NR)	A circularidade do núcleo foi calculada como o rácio entre a área real do núcleo e o comprimento do perímetro do núcleo. O círculo tem o valor de circularidade exatamente 1. O valor de circularidade significa o desvio da forma de uma célula em relação à forma circular. A circularidade nuclear, por vezes designada por circularidade, foi calculada utilizando as fórmulas. $\text{Roundness} = \frac{4\Pi\ \text{area}}{\text{perimeter}^2}$
Diâmetro equivalente (DE)	O diâmetro equivalente determina o diâmetro de um círculo com a mesma área que a região. $\text{Equivalent diameter} = \sqrt{\frac{4\ \text{area}}{\Pi}}$
Comprimento do eixo principal (MAJ)	Para determinar o comprimento do eixo principal, é necessário encontrar um par de pontos na fronteira cuja distância euclidiana entre si seja maior do que qualquer outro par de pontos na linha de fronteira . A linha utilizada para ligar estes dois pontos é designada por comprimento do eixo principal.
Comprimento do eixo secundário (MIN)	O comprimento do eixo secundário é o eixo perpendicular ao comprimento do eixo principal.
Alongamento (EN)	O alongamento foi calculado através do comprimento do eixo menor dividido pelo comprimento do eixo maior. O círculo tem o valor de alongamento exatamente 1. A partir do valor de alongamento, são geralmente feitas suposições sobre o quanto uma célula se desviou do círculo.

	$$\text{Elongation} = \frac{\text{Minor Axis Length}}{\text{Major Axis Length}}$$
Excentricidade (ECC)	Define a avaliação do desvio da forma do objeto em relação a uma forma circular assimétrica ou regular. Permite seguir o grau de diferença entre um núcleo celular anormal e um núcleo celular normal. Os valores da excentricidade variam entre 0 e 1. $$\text{Eccentricity} = \sqrt{1 - \frac{\text{Minor Axis Length}^2}{\text{Major Axis Length}^2}}$$
Área convexa (CA)	A área convexa especifica o número total de pixéis na imagem do casco convexo.
Solidez (SO)	A solidez descreve a quantidade de pixéis comuns no casco convexo e na região. $$\text{Solidity} = \frac{\text{Area}}{\text{Convex Area}}$$
Extensão (EX)	Define o rácio de pixéis na região em relação aos pixéis na caixa delimitadora total. $$\text{Extent} = \frac{\text{Area}}{\text{Area of the bounding box}}$$

Tabela 3.1. Formulação de doze caraterísticas de forma

3.6. Classificação de células normais e anormais com base em caraterísticas de forma extraídas da região segmentada do núcleo

Na conceção de um sistema de apoio à decisão assistido por computador (DSS), a classificação das células do Papanicolau como células normais e anormais é essencial. No entanto, escolher o conjunto de caraterísticas mais significativo para a classificação das células é uma tarefa difícil. Nesta secção, explorámos o desempenho do algoritmo de segmentação para a classificação de células normais e anormais com base no conjunto de caraterísticas de forma extraídas. No nosso estudo, a classificação é efectuada com base em dois conjuntos de caraterísticas, ou seja, com base numa combinação de todas as caraterísticas e com base num conjunto de caraterísticas discriminativas. O desempenho dos sete classificadores mais utilizados é ilustrado. Os classificadores utilizados no nosso estudo são:

Classificador de máquina de vetor de apoio (SVM) [31]
Classificador K-Nearest Neighbour (KNN) [32]
Classificador de Análise Discriminante Linear (LDA) [33]
Classificador de floresta aleatória (RF) [34]
Classificador de árvore de decisão (DT) [35]
Classificador Bayesiano ingénuo (NB) [36]
Rede Neuronal Artificial (RNA) [37]

4.1. Resultados da segmentação

Foram realizadas experiências com 76 esfregaços de Papanicolau normais e 70 esfregaços de Papanicolau anormais selecionados aleatoriamente para extrair a porção do núcleo, e o valor médio desta métrica de desempenho é apresentado na Tabela 5. Pode ser observado a partir dos resultados experimentais que a diferença média de erro entre a verdade terrestre (P) e a saída segmentada (Q) produzida pelo método de agrupamento K-means com o valor de agrupamento K=2 é mais elevada do que os restantes três métodos e, portanto, não pode segmentar com precisão a região do núcleo, como se mostra na Fig. 4.1.

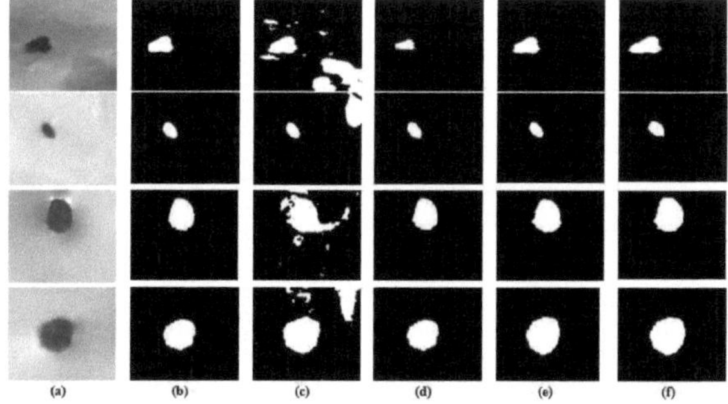

Fig. 4.1. Resultados exibidos dos métodos de segmentação para a segmentação da região do núcleo (a) Imagens Pam-Smear originais; (b) Imagens de verdade terrestre correspondentes; (c) Segmentação pelo método de agrupamento K-Means; (d) Segmentação pelo método de segmentação de crescimento de região; (e) Segmentação pelo método de agrupamento Fuzzy C-

means; (f) Segmentação pelo método de segmentação de deslocamento médio;

Por outro lado, pode concluir-se que a métrica de semelhança mostra que os métodos de agrupamento FCM com valor de agrupamento K=2 e grau de imprecisão, m=1,5, têm uma diferença de erro comparativamente mais baixa entre a verdade terrestre (P) e a saída segmentada (Q) e, por conseguinte, extraem com precisão a região do núcleo, como se mostra na Fig. 11. A razão por detrás da segmentação exacta da região do núcleo deve-se aos seus graus de associação em comparação com os outros métodos. Inicialmente, o algoritmo necessita de um grau específico do parâmetro de imprecisão (*m*), que é principalmente necessário para calcular a função de associação (*uij*) e é matematicamente representado como[21]:

$$u_{ij} = \frac{1}{\sum_{k=1}^{C} \left(\frac{\| x_i - c_j \|}{\| x_i - c_k \|} \right)^{\frac{2}{m-1}}} \qquad (10)$$

Geralmente, quando o valor de m é próximo de um, o algoritmo FCM dá resultados semelhantes aos do algoritmo de agrupamento K-means. Pelo contrário, quando o valor de m é elevado, os clusters ficam esbatidos, ou seja, os elementos tendem a pertencer a todos os clusters com a mesma associação. Na nossa experiência, o valor de *m* foi escolhido como sendo 1,5 para as células normais e anormais do esfregaço de Papanicolau. A Fig. 4.2 mostra os efeitos na imagem segmentada quando *m* varia entre 1,5 e 6 em relação à distância Jaccard (*di*), e também se pode concluir que a distância Jaccard (*di*) é proporcional ao grau de imprecisão, ou seja, $di \, \alpha$ m.

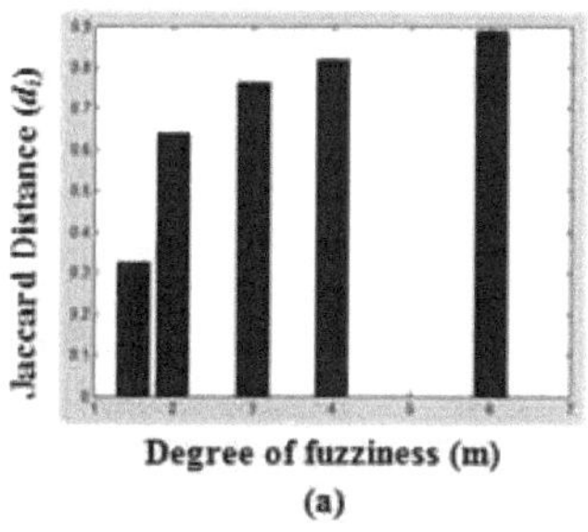

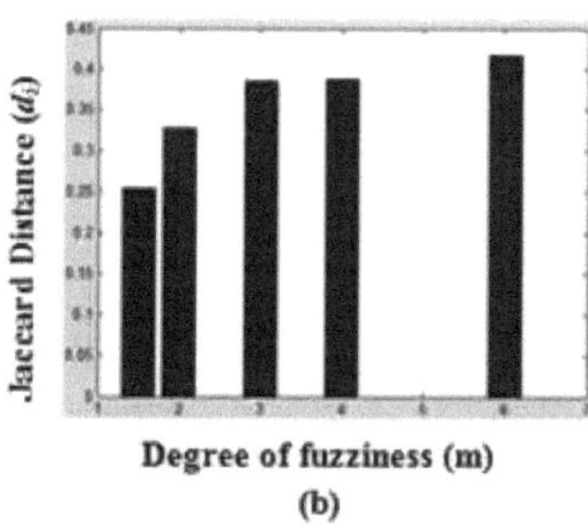

Fig. 4.2. Efeito do grau de imprecisão (m) para um valor diferente, ou seja, m=1,5, 2,3, 4, 6 (a) Mostra a alteração de m nas células normais e (b) Mostra a alteração de m nas células anómalas

4.2. Resultados da evolução do desempenho

As matrizes de qualidade, nomeadamente a distância Jaccard, o MSE, a função de distância do coeficiente de dados e o erro de deteção relativo aos resultados experimentais do agrupamento K-means, da segmentação por crescimento regional, do agrupamento FCM e do modelo de segmentação por deslocamento médio. Na Tabela I, é apresentada a avaliação do desempenho dos resultados experimentais. A dissimilaridade entre os resultados experimentais do modelo de agrupamento K-means e as imagens verdadeiras é superior à dos outros três modelos de extração de núcleos. Assim, pode concluir-se que as matrizes de semelhança mostram que os modelos de segmentação Region-growing, FCM e Mean-shift são capazes de extrair os núcleos melhor do que o modelo de agrupamento K-means. Na Tabela 4.1, é apresentada a avaliação do desempenho dos resultados experimentais.

Tabela 4.1. Medição da semelhança baseada no coeficiente de correspondência simples orientada para os pixels dos métodos de segmentação mais avançados

	Unidades de medição de semelhança orientadas para o pixel									
Métodos de segmentação	**Imagens normais do exame de Papanicolau**					**Imagens de esfregaços de Papanicolau anormais**				
	JD	**MSE**	**DCD**	**RDE (E)**	**RDE (E^{1})**	**JD**	**MSE**	**DCD**	**RDE (E)**	**RDE (E^{1})**
K-means	0.9109	7726.94	0.8629	3.6740	0.9764	0.5652	4149.31	0.4328	1.1398	1.6499
Região	0.6754	145.11	0.5176	0.3642	0.4417	0.4407	564.92	0.2894	0.2701	0.2657
FCM	**0.3232**	**83.71**	**0.1942**	**0.2536**	**0.2144**	**0.2537**	**343.66**	**0.1491**	**0.2028**	**0.2217**
Deslocação média	0.3440	105.92	0.2444	0.3316	0.2978	0.3337	633.05	0.1721	0.3330	0.2827

4.3. Resultados sobre as caraterísticas de forma extraídas para a seleção de caraterísticas discriminativas

Para a análise assimétrica, a experiência foi efectuada em 76 células normais e 70 células anormais do Pap-Smear. A média e o desvio padrão destas caraterísticas de forma extraídas do grupo normal e do grupo anormal são apresentados na Tabela 4.2. Observou-se que cada uma destas caraterísticas extraídas da região do núcleo do grupo anormal é significativamente mais elevada do que no grupo normal. Na conceção de um sistema de previsão de anomalias cervicais, a seleção adequada de caraterísticas discriminativas que possam diferenciar eficazmente entre células normais e anormais é uma tarefa vital.

Table 4.2. Análise assimétrica de células de Papanicolau normais e anormais com base em caraterísticas de forma extraídas para seleção de caraterísticas discriminatórias

Algoritmos de segmentação								
Forma	**Método K-Means (KM) (Média ± DP)**				**Método de crescimento regional (RG) (Média ± DP)**			
ID da caraterística	**Normal (76)**	**Anormal (70)**	**Teste de nível significativo**		**Normal (76)**	**Anormal (70)**	**Teste de nível significativo**	
			Valor P	**P<0.00001**			**Valor P**	**P<0.00001**
F_1 (NA)	6458.80± 7153.20	6658.57 ±3761.30	8.2650e-5	Significativo	1701.03 ±511.40	5114.01 ±2270.20	2.2650e-6	Significativo
F_2 (NP)	238.47±3	565.04±	0.000	Signi	551.65±	826.95±	0.000	Signi

	93.40	515.44	099	ficativo	272.55	332.59	057	ficativo
F_3 (FD)	0.72±0.54	1.06±0.33	9.5763e-6	Significativo	0.82±0.05	1.02±0.08	3.5763e-7	Significativo
F_4 (ED)	67.77±61.58	85.79±34.17	0.000025	Significativo	46.09±6.53	78.43±19.32	2.2650e-6	Significativo
F_5 (NR)	5.26±2.46	6.21±4.14	0.9998	---	0.97±4.62	0.16±0.22	0.3434	---
F_6 (MAL_1)	5.43±2.09	6.16±1.19	8.8896e-5	Significativo	8.72±6.60	17.16±6.26	6.3896e-5	Significativo
F_7 (MAL_2)	6.96±1.54	9.91±8.62	9.7925e-7	Significativo	4.58±1.02	10.92±3.26	1.1925e-7	Significativo
F_8 (CA)	2362610±2.23	3019283±1.42	0.000097	Significativo	151813.7 ± 1.86	719327.1±3.73	3.3993e-6	Significativo
F_9 (SO)	0.05±0.02	0.06±0.02	0.28	---	0.01±0.02	0.01±0.03	0.993	---
F_{10} (CE)	0.44±0.37	0.66±0.27	0.579	---	0.72±0.16	0.69±0.19	0.8035	---
F_{11} (EL)	0.43±0.37	0.59±0.25	0.965	---	0.65±0.19	0.68±0.18	0.226	---
F_{12} (EX)	77.24±83.95	99.41±50.73	0.1965	---	46.67±20.78	122.79±23.28	1.1291	---
			Algoritmos de segmentação					

Forma	Desvio médio (MS) Método (Média ± DP)				Método Fuzzy C-Means (FCM) (Média ± DP)			
ID da caraterística	Normal (76)	Anormal (70)	Teste de nível significativo		Normal (76)	Anormal (70)	Teste de nível significativo	
			Valor P	P<0.00001			Valor P	P<0.00001
F_1 (NA)	546.72±221.3	3270.42±1678.8	2.72e-06	Significativo	572.04±153.72	2820,95±1495,11	2.342e-06	Significativo
F_2 (NP)	115.21±26.61	278.61±85.18	5.9332e-30	Significativo	111.83±35.60	259.11±76.25	4.7332e-30	Significativo
F_3 (FD)	0.83±0.06	1.10±0.08	1.7567e-7	Significativo	0.73±0.05	0.99±0.06	1.5567e-26	Significativo
F_4 (ED)	25.87±5.29	62.33±17.03	1.1921e-7	Significativo	26.29±6.17	59.89±15.42	1.1921e-7	Significativo
F_5 (NR)	0.51±0.08	0.51±0.06	0.827	---	0.52±5.02	0.51±0.04	0.97	---
F_6 (MAL$_1$)	7.56±2.66	18.77±6.56	8.7686e-24	Significativo	5.36±1.47	8.28±1.65	7.8886e-31	Significativo
F_7 (MAL$_2$	5.49±1.33	13.07±3.74	2.8032e-21	Significati	3.69±1.05	5.27±1.25	2.6032e-29	Significati

)				vo				vo
F_8 (CA)	132932.6 ±4.66	741424. 1±4.45	1.192 1e-7	Significativo	151625. 2±1.05	706602. 7±3.78	1.192 1e-7	Significativo
F_9 (SO)	0.05±0.03	0.07±0.02	0.7950	---	0.04±0.21	0.04±0.16	0.8353	---
F_{10} (CE)	0.62±0.16	0.82±0.30	0.2317	---	0.63±0.17	0.62±0.28	0.678	---
F_{11} (EL)	0.76±0.14	0.86±0.21	0.226	---	0.75±0.13	0.75±0.19	0.4941	---
F_{12} (EX)	179.01±4.66	179.59±14.47	0.9758	---	176.75±35.89	177.70±16.75	0.8025	---

A eliminação das caraterísticas irrelevantes que têm uma contribuição menor para a precisão do sistema de deteção de anomalias pode reduzir a complexidade do sistema. Assim, no nosso trabalho, para encontrar as caraterísticas mais discriminativas para a deteção de anomalias em , foi utilizado o teste não paramétrico Mann-Whitney-Wilcoxon (MWW) [30] com níveis de significância $p<0{,}00001$.

O nível de significância de cada valor de caraterística é medido em relação à hipótese nula, como mostra a Tabela 4. A hipótese nula é que as caraterísticas de forma do grupo anormal são inferiores às caraterísticas de forma do grupo normal. O valor p das caraterísticas da forma que atingem a diferença significativa de $p<0{,}00001$ é assinalado como significativo. No teste estatístico apresentado na Tabela 4.2, verificou-se que, entre 12 caraterísticas, 7 caraterísticas aceitaram a hipótese nula e são consideradas caraterísticas discriminatórias. Estas 7 discriminativas são a área do núcleo, o perímetro do núcleo, a dimensão fractal, o diâmetro equivalente, o comprimento do eixo maior, o comprimento do eixo menor e a área convexa.

4.4. Resultados baseados na exatidão da classificação

O desempenho dos sete classificadores mais utilizados, ou seja, o classificador de máquina de vectores de apoio (SVM) [31], o classificador de vizinhança mais próxima (KNN) [32], o classificador de análise discriminante linear (LDA) [33], o classificador de floresta aleatória (RF) [34], o classificador de árvore de decisão (DT) [35], o classificador bayesiano ingénuo (NB) [36] e a rede neural artificial (RNA) [37]
é ilustrado no Quadro 6.1.

Table 4.3. Precisão de classificação dos algoritmos de segmentação com base no conjunto de caraterísticas de forma extraídas

Classificadores	Exatidão da classificação											
	Método K-Means (KM)			**Método de crescimento regional (RG)**			**Método do desvio médio (MS)**			**Método Fuzzy C-Means (FCM)**		
	Accuracy	**Specificidade**	**Sensitividade**	**Accuracy**	**Specificidade**	**Sensitivity**	**Accuracy**	**Specificidade**	**Sensitividade**	**Accuracy**	**Specificidade**	**Sensitividade**
SVM	78.93%	80.63%	72.47%	86.32%	88.99%	91.13%	89.64%	88.38%	92.65%	92.83%	93.33%	93.17%
	84.91%	82.38%	85.61%	86.67%	91.30%	81.82%	95.75%	100%	96.67%	97.65%	98.82%	95.57%
KN	50.4	69.5	60.8	80.	82.	81.4	80.	73.9	86.9	84.	82.6	73.9

N	3%	7%	7%	06%	61%	5%	43%	1%	6%	94%	1%	1%
	57.02%	73.23%	65.22%	82.61%	82.61%	87.26%	86.96%	86.96%	86.96%	87.26%	86.96%	73.91%
LDA	67.39%	69.57%	65.22%	80.04%	100%	91.30%	84.96%	91.30%	86.96%	91.30%	91.30%	91.30%
	78.26%	82.61%	73.91%	84.78%	91.30%	82.61%	90.20%	95.65%	86.96%	95.65%	100%	91.30
RF	68.94%	73.49%	71.60%	71.13%	76.93%	78.54%	89.13%	86.96%	91.30%	91.30%	93.96%	91.30%
	72.76%	73.91%	82.30%	76.96%	81.30%	83.54%	93.48%	99.42%	86.96%	95.65%	100%	91.30%
DT	73.91%	73.91%	73.91%	80,43%	78,26%	82.61%	82,13%	87.30%	86.96%	88,13%	91.30%	86.96%
	75.91%	76.91%	78.40%	84.78%	82.61%	86.96%	88.30%	89.65%	86.96%	89.61%	91.30%	90.67%
NB	75.55%	60.86%	90.91%	84.44%	82.61%	86.36%	91.11%	91.30%	86.36%	93.33%	95.65%	90.90%
	82.22%	82.61%	81.81%	86.67	91.30	81.82%	93.33	100%	90.90%	95.56	100%	91.91%

				%	%		%			%		
ANN	62.25%	59.20%	66.73%	86.75%	81.28%	79.31%	98.34%	93.48%	96.59%	91.80%	95.71%	100%
	84.71%	83.33%	90.53%	93.33%	81.54%	86.75%	94.43%	100%	88.84%	95.68%	100%	92.05%

A precisão, a sensibilidade e a especificidade destes classificadores em relação a cada conjunto de caraterísticas são apresentadas no Quadro 4.3. Para cada classificador, a primeira linha do quadro 6.1 mostra a exatidão da combinação de todas as caraterísticas (12 caraterísticas) e a segunda linha indica a exatidão do conjunto de caraterísticas discriminantes (7 caraterísticas). As observações que podem ser feitas a partir da Tabela 4.3 são as seguintes

1) A exatidão da classificação para as caraterísticas modeladas extraídas com base no algoritmo FCM apresenta um desempenho superior aos restantes três métodos de segmentação em termos de exatidão, especificidade e sensibilidade, indicando assim a sua eficiência na previsão das células anormais do Papanicolau.

2) A precisão da classificação para o conjunto de caraterísticas estatisticamente significativas é mais elevada em comparação com a combinação de todos os conjuntos de caraterísticas extraídos para todos os classificadores.

3) No conjunto de dados de esfregaços de Papanicolau AGMC-TU, o SVM-Linear e a ANN externa executam os restantes cinco classificadores e

produzem uma taxa de precisão de classificação de 92,83% e 97,65% para o classificador SVM_Linear e de 91,80% e 95,68% para o classificador ANN com ambas as categorias de conjunto de caraterísticas, ou seja, combinação de todas as caraterísticas e com base no conjunto de caraterísticas discriminatórias, respetivamente, para o método de segmentação FCM (ou seja, método de segmentação externa executada).

Capítulo 5

Conclusão e trabalho futuro

A nível mundial, o cancro do colo do útero é a quarta causa mais comum de morte por cancro nas mulheres. A deteção precoce de doentes com cancro do colo do útero envolve o rastreio de alterações na estrutura celular através de análise microscópica. A extração automática da região do núcleo das células de Papanicolau é uma tarefa difícil para auxiliar o diagnóstico médico. Neste documento, é apresentada uma análise quantitativa de alguns dos métodos de segmentação mais avançados para a extração automática da região do núcleo de todas as células do esfregaço de Papanicolau em termos de classificação de células anormais e normais. Após a classificação das células do esfregaço de Papanicolau com base nas caraterísticas de forma extraídas da região do núcleo segmentada por diferentes métodos de segmentação, podemos concluir que o método FCM é capaz de segmentar corretamente cada célula em duas regiões separadas, ou seja, a parte do núcleo e a parte do fundo e, por conseguinte, é capaz de prever as células anormais e normais.

De um modo geral, o acesso aos serviços de saúde é fundamental para os residentes das zonas rurais. Estes deparam-se frequentemente com barreiras aos cuidados de saúde que limitam a sua capacidade de obter os cuidados de que necessitam. Este estudo pode ser um contributo útil para a comunidade de investigação no sentido de desenvolver um Sistema de Apoio à Decisão (SAD) assistido por computador que pode ter um maior impacto nas pessoas das zonas rurais para a redução dos sintomas de anomalias, uma vez que há falta de clínicos e de mão de obra formada. No futuro, o estudo será alargado para desenvolver uma nova técnica de segmentação para uma extração precisa da região do núcleo, a fim de aumentar o desempenho de classificação do sistema.

No futuro, serão feitos alguns esforços para detetar os limites da região do citoplasma das células cancerosas cervicais sobrepostas. Além disso, tentar-se-á medir as caraterísticas de forma das porções de núcleos segmentados, através das quais se poderá concluir se o grupo de células citológicas é normal ou anormal.

[1]M. Schiffman, P. E. Castle, J. Jeronimo e A. C. Rodrigue, "Human papillomavirus and cervical cancer," The Lancet, Vol. 370, No. 9590, pp. 890-907, 2007.

[2] OMS/ICO. (2013). Centro de Informação sobre HPV e Cancro do Colo do Útero (Centro de Informação sobre HPV), Papilomavírus Humano e Doenças Relacionadas. Relatório na China. [Em linha]. Disponível: www.who.int/hpvcenter.

[3] Programa Nacional de Registo Oncológico, Relatório trienal dos registos de cancro de base populacional 2012-2014 [Em linha]:Disponível:http://www.icmr.nic.in/ncrp/pbcr_201214/ALL_CONTENT/PDF_Printed_Version/Preliminary_Pages_Printed.pdf

[4] S. Kaaviya, V. Saranyadevi e M. Nirmala, "PAP smear image analysis for cervical cancer detection," 2015 IEEE International Conference on Engineering and Technology (ICETECH), IEEE, pp. 1-4, 2015.

[5] K.A. Dinshaw, S.S. Shastri e S.S. Patil, "Cancer control programme in India: Challenges for the new millennium, "Health administrator, Vol. 17, No. 1, pp. 10-13, 2005.

[6]D. Saslow et.al., "American Cancer Society, AmericanSociety for Colposcopy and Cervical Pathology, and

Diretrizes de rastreio da Sociedade Americana de Patologia Clínica para a prevenção e deteção precoce do cancro do colo do útero

cancer," CA: a cancer journal for clinicians, Vol. 62, No. 3,pp. 147-172, 2012.

[7] G.N. Papanicolaou, "A new procedure for staining vaginalsmears," Science, Vol. 95, No. 2469, pp. 438-439, 1942.

[8] G.G. Birdsong, "Automated screening of cervical cytologyspecimens" (Rastreio automatizado de amostras de citologia cervical). Human pathology, Vol. 27, No. 5, pp. 468-481, 1996.

[9] R. Saha, M. Bajger e G. Lee, "Spatial Shape ConstrainedFuzzy C-Means (FCM) Clustering for Nucleus Segmentationin Pap Smear Images," 2016 International Conference onDigital Image Computing: Técnicas e Aplicações (DICTA), pp. 1-8, IEEE, 2016.

[10] Jornal The Times of India. [Online]. Disponível: http://articles.timesofindia.indiatimes.com/2012-0204/mumbai/3102453 3_1_cervical-cancer-breast-cancerglobocan.

[11] Cancro do colo do útero - visão geral e incidência. [Em linha].Disponível:http://www.medindia.net/patients/patientinfo/cervicalcancerincidence.ht m#ixzz1oDusUgV1.

[12] E. Oliver, J. Ruiz, S. She e J. Wang, "The Software Architecture of the GIMP", 2006.

[13] M.K. Bhowmik, U.R. Gogoi, G. Majumdar, D.Bhattacharjee, D. Datta e A.K. Ghosh, "Conceção da base de dados de termogramas mamários DBT-TU-JU anotados com base na verdade terrestre para a previsão precoce de anormalidades", IEEE Journal of Biomedical and Health Informatics, 2017. DOI:https://doi.org/10.1109/JBHI.2017.2740500.

[14] P. Perona e J. Malik, "Scale-space and edge detection nusing anisotropic diffusion, " IEEE Transactions on Pattern Analysis and Machine Intelligence, Vol. 12, No. 7, pp. 629-639, julho de 1990.

[15] M.T. Sreedevi, B. S. Usha, e S. Sandya, "Papsmear image based detection of cervical cancer," International Journal of Computer Applications, Vol. 45, No. 20, pp. 35-40, 2012.

[16] M. Narasimha Murty e V. Susheela Devi, "Pattern Recognition an Algorithmic Approach". Springer London Dordrecht Heidelberg New York.

[17] K-Means Clustering. [Online]. Disponível: https://en.wikipedia.org/wiki/K-means_clustering. [Último acesso em 18 mar. 2017].

[18] S. Sridhar. "Digital Image Processing". Nova Deli: Oxford U, 2011.

[19] Região em crescimento. [Online]. Disponível: https://en.wikipedia.org/wiki/Region_growing. [Último acesso em 18 mar. 2017].

[20] Jan Kybic. PDF sobre segmentação Mean-Shift (Online). [Último acesso em 1 de julho de 2017].

[21] S. Araki, H. Nomura, N. Wakami, "Segmentation of thermal images using the fuzzy c-means algorithm", Actas da Segunda Conferência Internacional do IEEE sobre Sistemas Difusos, pp. 719-724, 1993.

[22] Fuzzy Clustering. [Online]. Disponível: https://en.wikipedia.org/wiki/Fuzzy_clustering. [Último acesso em 1 de julho de 2017].

[23] Jordi Pont-Tuset e Ferran Marques, "Supervised evaluation of image segmentation and object proposal techniques", IEEE transactions on pattern analysis and machine intelligence, vol. 38, n.º 7, pp. 1465-1478, julho de 2016.

[24] Erro médio quadrático. [Online]. Disponível: https://en.wikipedia.org/wiki/Mean_squared_error. [Último acesso em 1 de julho de 2017].

[25] S. Sridhar, "Digital Image Processing", pp-176-178, 2011

[26] Coeficiente de dados. [Online].Disponível:https://en.wikipedia.org/wiki/S%C3%B8rensen %E2%80%93Dice_coefficient. [Último acesso em 1 jan, 2018].

[27] I. C. F. Ipsen, "Numerical Matrix Analysis Linear systems and Least Squares", Society for Industrial and Applied Mathematics, pp.23-42, 2009.

[28] M.K. Bhowmik, N. Nath, A. Datta e A.K. Ghosh, "Shape feature based automatic abnormality detection of cervic ovaginal pap smears," 2nd International Conference on Biomedical Imaging, Signal Processing (ICBSP 2017), publicado por Journal of Image and Graphics (JOIG), New Jersey, USA, 2017.

[29] F. Kenneth, "Fractal geometry: mathematical foundations and applications", John Wiley & Sons, 2004.

[30] F. Wilcoxon, "Individual comparisons by ranking methods", Biometrics, vol. 1, n.º 6, pp. 80-83, 1945.

[31] V. N. Vapnik, "The nature of statistical learning theory," Springer- New York, NY, USA, 1995.

[32] Thirumuruganathan, S. (2010) Documento de recurso: Uma introdução pormenorizada ao algoritmo K-Nearest Neighbor (KNN). [Online]. Disponível: https://saravananthirumuruganathan.wordpress.com/2010/05/17/adetailed- introduction-to-k-nearest-neighbor-knnalgorithm/.

[33] X. Wang e X. Tang, "Random sampling LDA for face recognition", IEEE Computer Society Conference on Computer Vision and Pattern Recognition, IEEE, Vol. 2, pp.II-II, 2004.

[34] L. Breiman, " Random Forests ", Journal of Machine Learning, Springer, Vol. 45, No. 1, pp. 5-32, 2001.

[35] K. Cernak, "A comparison of decision tree classifiers for automatic diagnosis of speech recognition errors," Computing and Informatics vol. 29, No. 3, pp. 489-501,2012.

[36] Y. Huang e L. Li, " Naive Bayes classification algorithm based on small sample set", IEEE International Conferenceon Cloud Computing and Intelligence Systems (CCIS),IEEE, pp. 34-39, 2011.

[37] F. Amato, A. López, E. M. Peña-Méndez, P. Vanhara, A.Hampl, & J. Havel, "Artificial neural networks in medical diagnosis," Journal of applied biomedicine, vol. 11, no. 2, pp.47-58, 2013.

Matemática

A.1. Agrupamento K-Means

O algoritmo K-means é explicado com a ajuda de um conjunto de dados bidimensionais de 7 pontos.

Os padrões estão localizados em A = (1, 1), B = (1, 2), C = (2, 2), D = (6, 2), E = (7, 2), F = (6, 6), G = (7, 6)

Suponha que o número de clusters é 3 e que A, D e F são selecionados como centros iniciais.

O agrupamento 1 tem (1, 1) como centro do agrupamento,

O agrupamento 2 tem (6, 2) como centro do agrupamento e

O agrupamento 3 tem (6, 6) como centro do agrupamento.

Os padrões B, C, E e G são atribuídos ao agrupamento que lhes está mais próximo.

B e C são atribuídos ao Agrupamento 1; E é atribuído ao Agrupamento 2; e G é atribuído ao Agrupamento 3. O novo centro do Aglomerado 1 será a média dos padrões do Aglomerado 1 (média de A, B e C), que será (1,33, 1,66).

O centro do agrupamento 2 será (6,5, 4) e o centro do agrupamento 3 será (6,5, 6).

Os padrões são novamente atribuídos ao agrupamento mais próximo, dependendo da distância dos centros dos agrupamentos.

Agora, A, B e C são atribuídos ao Aglomerado 1, D e E são atribuídos ao Aglomerado 2 e F e G são atribuídos ao Aglomerado 3. Uma vez que não há alterações nos agrupamentos formados, este é o conjunto final de agrupamentos.

Isto dá uma partição visualmente apelativa de três clusters - são gerados os clusters {A, B, C}, {D, E}, {F, G}.

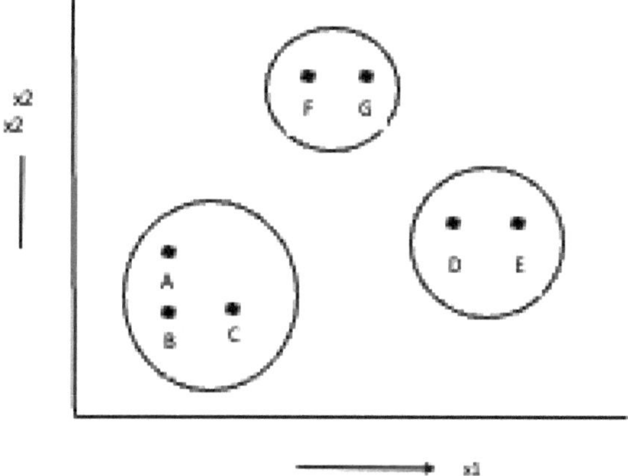

A.2. Segmentação crescente por região

Assumimos que os pontos de semente são indicados nas coordenadas (2,4) e (4,2). Os pixéis de semente são 9 e 1. Sejam eles S1 e S2. Os pixéis de semente 1 e 9 representam as regiões C e D, respetivamente. Foi subtraído o valor do pixel do valor da semente que representa a região. Se a diferença entre o valor do píxel e o ponto de semente for 4 (ou seja, T=4), fundir o píxel com essa região. Caso contrário, funde o pixel com a outra região.

1	0	7	8	7
0	1	8	9	8
0	0	7	9	8
0	1	8	8	9
1	2	8	8	9

Selecting the seed point as 9

1	0	7	8	7
0	1	8	9	8
0	0	7	9	8
0	1	8	8	9
1	2	8	8	9

|Pixel value - seed point| = threshold

1	0	7	8	7
0	1	8	9	8
0	0	7	9	8
0	1	8	8	9
1	2	8	8	9

Region growing respect to the seed point

C	C	D	D	D
C	C	D	D	D
C	C	D	D	D
C	C	D	D	D
C	C	D	D	D

Resultant matrix

A.3. Fuzzy C-means Clustering

Seja, X= [2 3 4 5 6 7 8 9 10 11]

m=2

N.º de cluster, C=2

Sejam C_1=2 e C_2=3

Passo 1- Para a primeira iteração, calcular a matriz de afiliação.

Para o nó 2 (1st elemento):

Nós sabemos, $u_{ij} = \dfrac{1}{\sum_{k=1}^{C}\left(\dfrac{\| x_i - c_j \|}{\| x_i - c_k \|}\right)^{\frac{2}{m-1}}}$

$$U11= \frac{1}{\left(\frac{2-3}{2-3}\right)^{\frac{2}{2-1}} + \left(\frac{2-3}{2-11}\right)^{\frac{2}{2-1}}} = \frac{1}{1+\frac{1}{81}} = 98.78\%$$

A filiação do primeiro nó ao primeiro cluster

$$U12= \frac{1}{\left(\frac{2-11}{2-3}\right)^{\frac{2}{2-1}} + \left(\frac{2-11}{2-11}\right)^{\frac{2}{2-1}}} = \frac{1}{81+\frac{1}{1}} = 1.22\%$$

A filiação do primeiro nó ao segundo cluster

Para o Nó 3(2^{nd}element):

U21=100%

A pertença do segundo nó ao primeiro cluster

U22=0%

A filiação do segundo nó ao segundo cluster

Para o nó 4 (3.ºelemento):

$$U31= \frac{1}{\left(\frac{4-3}{4-3}\right)^{\frac{2}{2-1}} + \left(\frac{4-3}{4-11}\right)^{\frac{2}{2-1}}} = \frac{1}{1+\frac{1}{49}} = 98\%$$

$$U32= \frac{1}{\left(\frac{4-11}{4-3}\right)^{\frac{2}{2-1}} + \left(\frac{4-11}{4-11}\right)^{\frac{2}{2-1}}} = \frac{1}{49+\frac{1}{1}} = 2\%$$

O processo continuará até obter a matriz U.

X	Agregado 1	Agregado 2
2	0.9878	0.0122
3	1	0
4	0.98	0.2
5	0.9	0.1
6	0.7353	0.2647
7	0.5	0.5
8	0.2647	0.7353
9	0.1	0.9
10	0.02	0.98
11	0	1

Passo 2- Os novos centróides são calculados através da seguinte fórmula.

$$c_j = \frac{\sum_{i=1}^{N} u_{ij}^m x_i}{\sum_{i=1}^{N} u_{ij}^m}$$

C1 =

$$\frac{(98.78\%)^2 * 2 + (100\%)^2 * 3 + (98\%)^2 * 4 + (50\%)^2 * 7......}{(98.78\%)^2 + (100\%)^2 + (98\%)^2 + (50\%)^2........} = 4.0049$$

C2=9.4576

Repetir o passo até se verificar uma alteração visível.

Após a última iteração, U=

X	Agregado 1	Agregado 2

2	0.9357	0.0643
3	0.9803	0.0197
4	0.9993	0.0007
5	0.9303	0.0697
6	0.6835	0.3165
7	0.3167	0.6833
8	0.0698	0.9302
9	0.0007	0.9993
10	0.0197	0.9803
11	0.0642	0.9358

A.4. Erro Quadrático Médio

Consideremos uma imagem verdadeira como f (x, y) = $\begin{pmatrix} 3 & 2 & 1 \\ 1 & 2 & 1 \\ 3 & 2 & 2 \end{pmatrix}$ e uma imagem resultante como f′ (x, y) = $\begin{pmatrix} 3 & 1 & 1 \\ 1 & 1 & 2 \\ 1 & 1 & 1 \end{pmatrix}$

Sabemos que MSE= $\frac{1}{MN}\sum_{i=0}^{M-1}\sum_{j=0}^{N-1}[f(x,y) - f'(x,y)]^2$

Aqui, MSE= $\frac{1}{3^2}[(3-3)^2 + (2-1)^2 + (1-1)^2 + (1-1)^2 + (2-1)^2 + (1-2)^2 + (3-1)^2 + (2-1)^2 + (2-1)^2]$

MSE = $\frac{1}{9}[9]$

MSE= 1

Códigos

B.1. Modelo de agrupamento K-Means

```
clear;
clc;
tic
path1='C:\Users\Mtech\Documents\Pap Smear
Database\Normal\';
path2='C:\Users\Mtech\Documents\Pap Smear
Database\output\Kmeans\n1\';
numofimages=32; % Choosing number of images
for k=1:numofimages
read1=[path1,num2str(k),'.jpg'];
image1=imread(read1);
image2=rgb2gray(image1);
 [clusters, result_image, clusterized_image] =
kmeansclustering(image2,2); % Choosing cluster
point
mx=max(max(result_image));
cc=0;
[x, y]=size(result_image);
fori=1:x
for j=1:y
if (result_image(i,j)==mx)
result_image(i,j)=255;
cc=cc+1;
else
```

```
result_image(i,j)=0;
end
end
end
rs=result_image;
seg=zeros(size(rs));
fori=1:x
for j=1:y
ifrs(i,j)==255
seg(i,j)=1;
end
end
end
final_image=final_clustered_image(image2,seg);
write1=[path2,num2str(k),'.png'];
imwrite(final_image, write1);
end
toc
```

B.2. Region- Growing Segmentation

```
f1=rgb2gray(imread('20.jpg'));
s=0; % choosing the initial seed point
  f1=histeq(f1);
  f=double(f1);
  f=f1;
  t=5; % Choosing the threshold values
  ifnumel(s)==1
```

```
si=bwmorph(s,'erode'); % morphological operation
            j=find(si);
            s1=f(j);
    end
    ti=false(size(f)); % Checking whether new
    seed values are there or not
    for k=1:length(s1)
    sv=s1(k);
        s=abs(f-sv)<=t;
    ti=ti|s; % If no new seed values are there
    then stop the iteration
    end
    [g nr]=bwlabel(imreconstruct(si,ti));
    figure,imshow(f1),title('Original Image');
    figure,imshow(g),title(' R Growing');
    display('No: of regions');
    nr;
    J1 = immultiply(g,f);
    figure,imshow(J1),title('Growing');
```

B.3. Fuzzy C-means Clustering

```
clear;
clc;
tic;
path1='C:\Users\Mtech\Documents\Pap      Smear
Database\Abnormal-photoshop\';
path2='C:\Users\Mtech\Documents\Pap      Smear
Database\output\aaa\';
numofimages=20;  %  Choosing  number  of  input
images
```

```
for k=1:20
read1=[path1,num2str(k),'.jpg'];
image1=rgb2gray(imread(read1));
image2=(image1);
[L,C,U,LUT,H]=FastFCMeans(image2,2); %choosing
the cluster points
RGB=label2rgb(L);
write1=[path2,num2str(k),'.jpg'];
imwrite(RGB, write1);
final_image=final_clustered_image(image2,L);
write1=[path2,num2str(k),'.jpg'];
imwrite(final_image, write1);
end
toc;
```

B.4. Distância de Jaccard

```
img_Orig=imread('ground (100).jpg');
img_Seg=imread('ss20.png');
inter_image = img_Orig&img_Seg;% Find the
intersection of the two images
union_image = img_Orig | img_Seg;%Find the union
of the two images
jaccardIdx =
sum(inter_image(:))/sum(union_image(:));


jaccardDist = 1 - jaccardIdx;
jaccardDist;
```

B.5. Erro médio quadrático

```
Reference_Image=imread('ground (100).jpg');
Target_Image=imread('ss20.png');
Reference_Image = double(Reference_Image);
Target_Image = double(Target_Image);
[M N] = size(Reference_Image);
error = Reference_Image - Target_Image;
Mean_Square_Error = sum(sum(error .* error)) /
(M * N
```

B.5. Dice-Coefficient Distance Function

```
img_Orig=imread('ground (32).jpg');
img_Seg=imread('ss32.png');
inter_image = img_Orig&img_Seg; % Find the
intersection of the two images
union_image = img_Orig | img_Seg; % Find the
union of the two images
jaccardIdx =
sum(inter_image(:))/sum(union_image(:));
jaccardDist = 1 - jaccardIdx;
jaccardDist;
Dicee=2*jaccardIdx/(1+jaccardIdx); % To find the
dice coeeficient function
Dicedist= 1- Dicee; % To find the dice
coeeficient distance function
```

B.6. Erro relativo

```
A=im2double(imread('ground (69).jpg'));
B=im2double(imread('ss2.png'));
D =rgb2gray(A);
E=rgb2gray(B);
```

```
G=D-E;
C=norm(G); % Norm operation
H=norm(D); % Norm operation
T=norm(E); % Norm operation
X=C/H
Y=C/T
```

B.7. Código de extração de elementos de forma

```
seg=rgb2gray(imread('C:\Users\Mtech\Documents
\Pap Smear
Database\output\Kmeans\n11\ss29.png'));
[m1 n1]=size(seg);
 Area=0;
fori=1:m1
for j=1:n1
if(seg(i,j)==1)
                     Area=Area +1;
end
end
end
display(Area);
[Gx, Gy] = imgradientxy(seg);
    [Gmag, Gdir] = imgradient(Gx, Gy);
    u11=bwboundaries(Gmag,8);
    u1=cell2mat(u11(1));
sf=size(u1,1);
Nperimeter=0;
fori=1:sf-1
```

```
Nperimeter=ceil(Nperimeter+sqrt((u1(i+1,1)-
u1(i,1)).^2+(u1(i+1,2)-u1(i,2)).^2));
end
display(Nperimeter);
    Dimension=hausdim(seg);
display(Dimension);

feat=[];
img=rgb2gray(imread('ss29.png'));
major_STATS = regionprops(img,
'MajorAxisLength');%major axis length
majors = struct2cell(major_STATS);
[m n]=size(majors);
majors1 = cell2mat(majors);
majorsum=0;

for j=1:n
majorsum=majorsum+majors1(n);
end
feat=[feat,majorsum];
%________________________________________________________________
_____________________________

minor_STATS = regionprops(img,
'MinorAxisLength');%minor axis length
minor = struct2cell(minor_STATS);
[m n]=size(minor);
```

```
for j=1:n
minorsum=minorsum+minor1(n);
end
feat=[feat,minorsum];

convex_STATS = regionprops(img,'ConvexArea');



convex = struct2cell(convex_STATS);
[m n]=size(convex);
convex1 = cell2mat(convex);
convexsum=0;

for j=1:n
convexsum=convexsum+convex1(n);
end
%i_minorsum(k)=minorsum;
feat=[feat,convexsum];
%--------------------------------------
extent_STATS = regionprops(img,'Extent');
extent = struct2cell(extent_STATS);
[m n]=size(extent);
extent1 = cell2mat(extent);
extentsum=0;

for j=1:n
extentsum=extentsum+extent1(n);
```

```
feat=[feat,extentsum];
```

B.8. Classificação

```
clc;
clearall;
closeall;

X = xlsread('H:\new
work\Classification_final.xlsx','KM_Dfinal');
Y=[1;1;1;1;1;1;1;1;1;1;1;1;1;1;1;1;1;1;1;1;1;
1;1;0;0;0;0;0;0;0;0;0;0;0;0;0;0;0;0;0;0;0;0;0
;0;0];
% %-------------------------------------------
----
% % Decision Tree
% %-------------------------------------------
----
Mdl_DT = fitctree(X,Y);
CVMdl_DT = crossval(Mdl_DT);
[label_DT,score_DT] = kfoldPredict(CVMdl_DT);
[confusionMatrixAll,orderAll] =
confusionmat(Y,label_DT);
accuracyAll =
trace(confusionMatrixAll)/sum(confusionMatrix
All(:));
final = accuracyAll*100
```

```
% %------------------------------------------
----
% % Nearest Neighbor
% %------------------------------------------
----
Mdl_kNN = fitcknn(X,Y);
CVMdl_kNN = crossval(Mdl_kNN);
[label_kNN,score_kNN] =
kfoldPredict(CVMdl_kNN);
[label_kNN,score_kNN] =
kfoldPredict(CVMdl_kNN);
[confusionMatrixAll,orderAll] =
confusionmat(Y,label_kNN);
accuracyAll =
trace(confusionMatrixAll)/sum(confusionMatrix
All(:));
final = accuracyAll*100



% %------------------------------------------
----
% % LDA
% %------------------------------------------
----
Mdl_LDA = fitcdiscr(X,Y);
CVMdl_LDA = crossval(Mdl_LDA);
```

```
[confusionMatrixAll,orderAll] =
confusionmat(Y,label_kNN);
  accuracyAll =
  trace(confusionMatrixAll)/sum(confusionMatrix
  All(:));
  final = accuracyAll*100
  %--------------------------------------------
  --
  % Naive Bayes
  %--------------------------------------------
  --
  Mdl_NB = fitcnb(X,Y);
  CVMdl_NB = crossval(Mdl_NB);
  [label_NB,score_NB] = kfoldPredict(CVMdl_NB);

  [confusionMatrixAll,orderAll] =
  confusionmat(Y,label_NB);
  accuracyAll =
  trace(confusionMatrixAll)/sum(confusionMatrix
  All(:));
  final = accuracyAll*100
```

B.9. P Value Verification

```
X = xlsread('E:\new
work\Abnormal\KMAN_feature.xlsx','KMAN_EC');
```

```
[p,h,stats] =
signrank(Y,X,'tail','left','method','exact')
```

Índice

Printed by Books on Demand GmbH, Norderstedt / Germany